建筑与市政工程防水口袋书

沈春林　主编

中国建筑工业出版社

图书在版编目（CIP）数据

建筑与市政工程防水口袋书 / 沈春林主编. -- 北京：中国建筑工业出版社, 2024. 12. -- ISBN 978-7-112-30592-6

Ⅰ. TU761.1

中国国家版本馆 CIP 数据核字第 2024SE5649 号

责任编辑：刘颖超
责任校对：芦欣甜

建筑与市政工程防水口袋书
沈春林　主编
*
中国建筑工业出版社出版、发行（北京海淀三里河路 9 号）
各地新华书店、建筑书店经销
国排高科（北京）人工智能科技有限公司制版
临西县阅读时光印刷有限公司印刷
*
开本：965 毫米 × 1270 毫米　1/64　印张：2⅛　字数：87 千字
2025 年 1 月第一版　　2025 年 1 月第一次印刷
定价：**38.00** 元
ISBN 978-7-112-30592-6
（43811）

目　录

一、概述及基本规定

1. 为什么说防水工程在建筑工程中占有十分重要的地位？

建筑防水工程是建筑工程中的一个重要组成部分，建筑防水技术是保证建筑物和构筑物不受水浸蚀，内部空间不受危害的分项工程和专门措施。

建筑物渗漏问题是建筑物较为突出的质量通病，也是住户反映最为强烈的问题。许多住户在使用时发现屋面漏水、墙壁渗漏、粉刷层脱落现象。日复一日，房顶、内墙面会因渗漏而出现墙面大片剥落，并因长期渗漏潮湿而产生霉变味，直接影响住户的身体健康，更谈不上进行室内装饰了。办公室、机房、车间等工作场所长期的渗漏会严重损坏办公设施，导致精密仪器、机床设备的锈蚀、生长霉斑而失灵，甚至引起电器短路而发生火灾。面对渗漏现象，人们每隔数年都要花费大量的资金和劳力来进行返修。渗漏不仅扰乱了人们的正常生活、工作生产秩序，而且直接影响整个建筑物的使用寿命。由此可见，防水效果的好坏对建筑物的质量至关重要，所以防水工程在建筑工程中占据十分重要的地位。在整个建筑工程施工中，必须严格、认真地做好建筑防水工程。

2. 建筑防水应遵循哪几个基本原则?

（1）优选用材：选材不分高、中、低档，适用才重要，复合防水要有相容性。

（2）防水卷材与防水涂料复合应相容，防水涂膜宜设置在防水卷材的下面。

（3）刚性防水材料不独立用于跨度大的防水基层，如：水泥基渗透结晶型防水涂料不宜单独用于屋面、地下室顶板等。

（4）挥发固化型防水涂料不得作为防水卷材粘结材料使用，如：丙烯酸防水涂料不得作为聚乙烯丙纶/涤纶防水卷材的粘结材料。

（5）水乳型或合成高分子类防水涂膜上面，不得采用热熔型防水卷材，如：丙烯酸、聚氨酯防水涂膜上不得热熔铺贴 SBS/APP 防水卷材。

（6）溶剂型防水涂料不得作为自粘改性沥青水涂料的粘结材料使用，如溶剂型改性沥青防水涂料挥发出的有机溶剂会破坏自粘卷材的结构。

3. 工程防水类别有哪些？

工程按其防水功能重要程度分为甲类、乙类和丙类，具体划分应符合表 3-1 规定。

工程防水类别 **表 3-1**

工程类型		工程防水类别		
		甲类	乙类	丙类
建筑工程	地下工程	有人员活动的民用建筑地下室，对渗漏敏感的建筑地下工程	除甲类和丙类以外的建筑地下工程	对渗漏不敏感的物品、设备使用或贮存场所，不影响正常使用的建筑地下工程
	屋面工程	民用建筑和对渗漏敏感的工业建筑屋面	除甲类和丙类以外的建筑屋面	对渗漏不敏感的工业建筑屋面
	外墙工程	民用建筑和对渗漏敏感的工业建筑外墙	渗漏不影响正常使用的工业建筑外墙	—
	室内工程	民用建筑和对渗漏敏感的工业建筑室内楼地面和墙面	—	—
市政工程	地下工程	对渗漏敏感的市政地下工程	除甲类和丙类以外的市政地下工程	对渗漏不敏感的物品、设备使用或贮存场所，不影响正常使用的市政地下工程

续表

工程类型		工程防水类别		
		甲类	乙类	丙类
市政工程	道桥工程	特大桥、大桥，城市快速路、主干路上的桥梁，交通量较大的城市次干路上的桥梁，钢桥面板桥梁	除甲类以外的城市桥梁工程； 道路隧道工程	—
	蓄水类工程	建筑室内水池、对渗漏水敏感的室外游泳池和嬉水池。市政给水池和污水池、侵蚀性介质贮液池等工程	除甲类和丙类以外的蓄水类工程	对渗漏水无严格要求的蓄水类工程

4. 工程防水使用环境类别应如何划分？

工程防水使用环境类别划分应符合表 4-1 的要求。

工程防水使用环境类别划分 **表 4-1**

工程类型		工程防水使用环境类别		
		Ⅰ类	Ⅱ类	Ⅲ类
建筑工程	地下工程	抗浮设防水位标高与地下结构板底标高高差 $H \geqslant 0$m	抗浮设防水位标高与地下结构板底标高高差 $H < 0$m	—
	屋面工程	年降水量 $P \geqslant 1300$mm	400mm $\leqslant$ 年降水量 $P < 1300$mm	年降水量 $P < 400$mm
	外墙工程	年降水量 $P \geqslant 1300$mm	400mm $\leqslant$ 年降水量 $P < 1300$mm	年降水量 $P < 400$mm
	室内工程	频繁遇水场合，或长期相对湿度 RH $\geqslant$ 90%	间歇遇水场合	偶发渗漏水可能造成明显损失的场合
市政工程	地下工程①	抗浮设防水位标高与地下结构板底标高高差 $H \geqslant 0$m	抗浮设防水位标高与地下结构板底标高高差 $H < 0$m	—

续表

工程类型		工程防水使用环境类别		
		Ⅰ类	Ⅱ类	Ⅲ类
市政工程	道桥工程	严寒地区，使用化冰盐地区，酸雨、盐雾等不良气候地区的使用环境	除Ⅰ类环境外的其他使用环境	—
	蓄水类工程	冻融环境，海洋、除冰盐氯化物环境，化学腐蚀环境	除Ⅰ类环境外，干湿交替环境	除Ⅰ类环境外，长期浸水、长期湿润环境，非干湿交替的环境
①仅适用于明挖法地下工程				

5. 工程防水设计工作年限分别是多少年？

工程防水设计工作年限应符合表 5-1 的要求。

工程防水设计工作年限 **表 5-1**

工程类别	设计工作年限
地下工程	不应低于工程结构设计工作年限
屋面工程	不应低于 20 年
室内工程	不应低于 25 年
桥梁工程桥面	不应低于桥面铺装设计工作年限
非侵蚀性介质蓄水类工程内壁防水层	不应低于 10 年

6. 国家规定的建筑防水工程的保修期是多少年?

《中华人民共和国建设工程质量管理条例》(国务院令第 279 号)第四十条规定:在正常使用条件下,建设工程的最低保修期为:“屋面防水工程、有防水要求的卫生间、房间和外墙面的防渗漏,为 5 年”。

7. 工程防水等级有几类？分别对应何类工程？

工程防水等级应依据工程类别和工程防水使用环境类别分为一级、二级、三级。暗挖法地下工程防水等级应根据工程类别、工程地质条件和施工条件等因素确定，其他工程防水等级不应低于下列规定：

（1）一级防水：Ⅰ类、Ⅱ类防水使用环境下的甲类工程；Ⅰ类防水使用环境下的乙类工程。

（2）二级防水：Ⅲ类防水使用环境下的甲类工程；Ⅱ类防水使用环境下的乙类工程；Ⅰ类防水使用环境下的丙类工程。

（3）三级防水：Ⅲ类防水使用环境下的乙类工程；Ⅱ类、Ⅲ类防水使用环境下的丙类工程。

8. 刚性防水体系是什么？

刚性防水体系是指主体防水采用混凝土结构自防水或刚性防水层，防水混凝土中掺加抗裂、防水外加剂，细部构造节点根据需要采用刚性或柔性防水措施的防水体系。以下防水体系均称为刚性防水体系：

（1）混凝土结构自防水体系：结构主体通过优化配筋和配置防裂构造措施，采用掺抗裂、防水外加剂的防水混凝土，对变形缝、后浇带、施工缝等细部构造部位进行防水密封处理，通过精细化的施工管控措施，具有独立防水功能，不外设防水层的防水体系。

（2）以混凝土结构自防水作为防水主体，混凝土外侧仅设置刚性防水层的防水体系。

（3）建筑砌体外墙防水工程中，墙体外表面整体防水仅设置刚性防水层的防水体系。

9. 柔性防水体系是什么？

以柔性防水层为防水主体的防水体系。行业内通常所说的柔性防水体系一般是指通过在混凝土结构表面铺设柔性防水层承担防水功能的防水体系。

二、建筑防水材料

10. 建筑防水材料如何分类?

（1）依据建筑防水材料的性能特征，一般可分为柔性防水材料和刚性防水材料两大类。

（2）依据建筑防水材料的外观形态及性能特征，一般可分为防水卷材、防水涂料、防水密封材料、刚性防水材料和堵漏止水防水材料五大系列。

11. 刚性防水材料性能特点是什么?

水泥基类的刚性防水材料为无机材料，主要优点是耐久性好、使用寿命长、与混凝土结构主体材料混凝土的相容性好。刚性防水层涂抹在主体结构上，粘结强度高，当粘结基面为潮湿状态时，仍然能够进行很好的粘结。

与柔性防水相比，刚性防水在施工中可省去保护层、节约工期。在施工后如果发生渗漏，可准确定位渗漏点，进行修缮，修缮效果有保证。

刚性防水材料适用于地下、室内、外墙等部位，在我国温差小、湿度大的南方气候区域，通过合理的构造设置，也可用于屋面工程。

12. 柔性防水材料性能特点是什么？

柔性防水材料的优点是材料柔韧性好，适应基层变形能力强，材料本身对水的阻滞效果好。防水卷材除了上述优点外，因为在工厂生产成型，所以卷材厚度均匀，性能更稳定。与水泥基的刚性防水材料相比，柔性防水材料与水泥混凝土的粘结常存在较大问题。

防水卷材缺点是与结构面很难满粘，容易存在窜水通道，存在大量接缝，容易发生接缝不严密，一旦发生渗漏，很难定位渗漏点，渗漏修缮难度大。

柔性防水涂料在现场成型，防水层没有接缝问题，但现场施工厚度很难控制，现场容易被破坏，大部分涂料的长期耐水性较差。

在耐候、耐老化方面，除 TPO、PVC 等特殊材料，大部分柔性防水材料受外界热、光等老化影响，使用寿命较短，无法和建筑同寿命。

柔性防水材料一般适用于屋面、地下、室内等部位。

13. 什么是防水涂料？

防水涂料在常温下呈现液态、半流态液体或粉状，现场拌和后，通过刮涂、刷涂、辊涂或机械喷涂在结构基层表面，经过溶剂挥发、水分蒸发、组分间化学反应或反应挥发形成一定厚度且具有防水功能的防水涂膜层。

（1）按性能分为柔性防水涂料和刚性防水涂料。柔性防水涂料以有机材料为基材制成；刚性防水涂料以水泥为基材制成。

（2）按主要成膜物质的种类（主要原料），分为橡胶类、合成树脂类、改性沥青和沥青类、聚合物水泥类、渗透结晶类和水化涂层类。

（3）按固化成型分为反应型、挥发型、反应挥发型和水化渗透结晶型。

（4）反应型主要成膜物质为高分子材料，分为固化剂固化型和湿气固化型。

①固化剂固化型产品有双组分聚氨酯防水涂料和喷涂聚脲防水涂料。

②湿气固化型产品有单组分聚氨酯防水涂料。

（5）挥发型分为溶剂挥发型和水分挥发型。

①溶剂挥发型依靠溶剂挥发成型，该类涂层干燥速度快，结膜致密，如丙烯酸酯防水涂料、非固化沥青防水涂料等；

②水分挥发型是通过水分挥发成型。

（6）反应挥发型以水分挥发为主（高分子乳液），经过微粒的接触、变形而形成涂膜层，该类型材料无毒、环保、可在潮湿基面施工，如聚合物水泥防水涂料。

（7）水化渗透结晶型兼有渗透结晶和水化反应成膜的特点，分为以水化反应为主（如无机堵漏材料）和以渗透结晶为主（如水泥基渗透结晶型防水涂料）。

14. 什么是聚合物水泥防水涂料？

聚合物水泥防水涂料，简称 JS 防水涂料，J 指聚合物，S 指水泥，故 JS 防水涂料就是聚合物水泥防水涂料。聚合物水泥防水涂料是一种以聚丙烯酸酯乳液、乙烯-乙酸乙烯酯等聚合物乳液与各种添加剂组成的有机液料。聚合物水泥防水涂料是和水泥、石英砂、轻重质碳酸钙等无机填料及各种添加剂所组成的无机粉料通过合理配比、复合制成的一种双组分、水性建筑防水涂料。在建筑工程中，JS 复合防水涂料和水泥聚合物防水涂料是同一种材料。

15. 什么是聚合物防水砂浆？

聚合物防水砂浆所采用的砂浆称作防水砂浆。防水砂浆又叫阳离子氯丁胶乳防水防腐材料。阳离子氯丁胶乳是一种高聚物分子改性基高分子防水防腐系统。由引入进口环氧树脂改性胶乳加入国内氯丁橡胶乳液及聚丙烯酸酯、合成橡胶、各种乳化剂、改性胶乳等所组成的高聚物胶乳，加入基料和适量化学助剂和填充料，经塑炼、混炼、压延等工序加工而成的高分子防水防腐材料。

防水砂浆具有良好的耐候性、耐久性、抗渗性、密实性、极高的粘结力，以及极强的防水防腐效果。可耐纯碱生产介质、尿素、硝铵、海水、盐酸及酸碱性盐腐蚀。它与砂、普通水泥和特种水泥配制成水泥砂浆，通过调和水泥砂浆浇筑或喷涂、手工涂抹的方法在混凝土及表面形成坚固的防水防腐砂浆层，属刚韧性防水防腐材料。与水泥、砂子混合可使灰浆改性，可用于建筑墙壁及地面的处理及地下工程防水层。

16. 什么是聚合物水泥防水浆料？

以水泥、细骨料为主要组分，聚合物和添加剂等为改性材料按适当配比混合制成的、具有一定柔性的防水浆料。

聚合物防水浆料是一种具有高抗渗性、高粘结性能的双组分防水浆料。采用无机硅酸盐胶凝材料和天然无机矿物骨料结合有机高分子聚合物乳液而成。搅拌均匀后涂刷在水泥基层上，干固后具有优异的防水性能、较高的粘结性能，特别适用于既需要做防水又要粘结饰面砖材的部位。

17. 聚合物水泥防水涂料Ⅰ型和Ⅱ型有什么不同?

Ⅰ型和Ⅱ型主要是按乳液的比例来区分的，前者乳液比例更高，柔性更强。所以JS涂料用在屋面时要用Ⅰ型，而在卫生间及水池、地下室时要用Ⅱ型。因为屋面24h温差大，基层易开裂，所以要用断裂伸长率高、弹性好的适应基层开裂性的Ⅰ型JS涂料。而卫生间、水池、地下室工程长期有水浸泡，若用Ⅰ型易二次返乳失去防水层作用，所以要用Ⅱ型（高粉料比用量）JS涂料。

18. 什么是自粘聚合物改性沥青防水卷材？

自粘聚合物改性沥青防水卷材是一种以 SBS 等合成橡胶、优质道路沥青及增粘剂为基料制成的防水材料。它采用特殊的自粘设计，使其能够在常温下与基层实现紧密粘结，无须额外的热熔或涂胶工艺。这种卷材结合了改性沥青的防水性能与自粘技术的便捷性，成为现代建筑防水领域中的优选材料。广泛适用于各类建筑防水工程，包括但不限于工业与民用建筑的屋面、墙体、厨卫间、地下室等。同时，它也适用于桥梁、地铁、隧道等基础设施的防水防渗。由于其自粘特性和施工简便性，特别适用于不宜动用明火的防水场合。

19. 什么是非固化橡胶沥青防水涂料?

非固化橡胶沥青防水涂料以橡胶、沥青为主要成分，采用一种特殊添加剂与一种助剂混合制成，它能使产品更为稳定、不离析，在使用过程中始终保持黏性膏状体，即使与空气长期接触也能保持不固化、不成膜且性能不变，永远保持蠕变性能的一种防水涂料。常温条件下，在设计使用年限内能保持黏性膏状体，采用喷涂、刮涂、注浆等施工工艺，广泛应用于非外露建筑防水工程，是具有防水、粘结、密封、注浆浆料性质的一类防水涂料。

20. 什么是聚氨酯防水涂料？

聚氨酯防水涂料是由异氰酸酯、聚醚等经加成聚合反应而成的含异氰酸酯基的预聚体，配以催化剂、无水助剂、无水填充剂、溶剂等，经混合等工序加工制成的单组分或双组分防水涂料。

聚氨酯防水涂料形成的涂膜具有高弹性、高强度和优良的耐候性，能够适应基层的微小变形，在长期的使用过程中不易出现开裂、脱落等现象，从而保证了长期稳定的防水效果，可在恶劣的环境条件下保持稳定的防水性能。

21. 什么是弹性体（SBS）改性沥青防水卷材?

SBS 在材料科学中特指一种特殊的聚合物材料——苯乙烯-丁二烯-苯乙烯嵌段共聚物。这种材料结合了苯乙烯的硬度和强度以及丁二烯的弹性和韧性，从而形成了一种独特的热塑性弹性体。弹性体（SBS）改性沥青防水卷材是一种先进的防水材料，它采用 SBS 作为改性剂，与沥青混合后，能够显著提升沥青的弹性和耐久性。这种卷材以聚酯毡（PY）、玻璃毡（G）或玻纤增强聚酯毡（PYG）为胎基，两面涂覆 SBS 改性沥青，并在上表面覆盖聚乙烯膜（PE）或细砂（S）、矿物粒或片料（M），而下表面则覆盖细砂（S）或聚乙烯膜（PE），该防水卷材广泛应用于工业和民用建筑的屋面和地下防水工程。无论是新建工程还是旧建筑改造，这种卷材都能提供可靠的防水保护，确保建筑结构的完整性和使用寿命。

22. 什么是热塑性聚烯烃（TPO）防水卷材?

TPO 防水卷材即热塑性聚烯烃防水卷材，是以采用先进的聚合技术将乙丙橡胶与聚丙烯结合在一起的热塑性聚烯烃（TPO）合成树脂为基料，加入抗氧剂、防老剂、软化剂制成的新型防水卷材，可以用聚酯纤维网格布做内部增强材料制成增强型防水卷材，属合成高分子防水卷材类防水产品。TPO 防水卷材综合了 EPDM 和 PVC 的性能优点，具有前者的耐候能力、低温柔度和后者的可焊接特性。这种材料与传统的塑料不同，在常温显示出橡胶高弹性，在高温下又能像塑料一样成型。因此，这种材料具有良好的加工性能和力学性能，并且具有高强焊接性能。而在两层 TPO 材料中间加设一层聚酯纤维织物后，可增强其物理性能，提高其断裂强度、抗疲劳、抗穿刺能力。适用于建筑外露或非外露屋面防水，易变形的建筑地下防水。尤其适用于轻型钢结构屋面，施工得当、配合合理的层次设计，既能减轻屋面重量，又有极佳的节能效果，还能做到防水防结露，是大型工业厂房、公用建筑等屋面的首选防水材料。还可用于饮用水水库、卫生间、地下室、隧道、粮库、地铁等防水防潮工程。

23. 什么是预铺防水卷材？

预铺防水卷材实际上是在原有的自粘聚合物改性沥青防水卷材基础上进行施工工艺上的技术创新而形成的一种防水卷材。该卷材表面有一层薄薄的热融胶，将卷材预先铺贴在需要铺贴的部位后，再进行混凝土的浇筑，混凝土水化过程产生的热量将使热融胶熔解、粘结，从而使防水卷材与后浇结构混凝土拌合物粘贴在一起。该卷材多用于地下防水等工程。预铺防水卷材适用的工程部位有：

（1）底板：采用明挖法。

（2）侧墙：无开挖空间的分离式结构、复合式结构。

（3）矿山法隧道：复合式衬砌。

24. 什么是湿铺防水卷材?

湿铺防水卷材是在原有的自粘聚合物改性沥青防水卷材基础上进行施工工艺上的技术创新而形成的一种防水卷材。传统的防水卷材用火烤法施工，以及用粘结剂粘结施工都需要在基层干燥的情况下进行。湿铺防水卷材可直接在潮湿的混凝土基层上，涂刷一道水泥砂浆或素水泥浆，再铺贴防水卷材，从而达到防水卷材与基面或结构主体实现满粘的效果。

湿铺防水卷材的粘结机理基本同预铺防水卷材。预铺防水卷材和湿铺防水卷材这两种产品实质上是施工工序的颠倒：预铺防水卷材是先铺贴防水卷材，再浇筑混凝土；而湿铺防水卷材是先浇筑混凝土，再铺贴防水卷材。湿铺防水卷材适用的工程部位有：

（1）屋面：平屋面、坡屋面、既有屋面又有露台。

（2）非外露工程、地下建筑、管廊。

25. 什么是防水密封材料？

建筑用防水密封材料是指嵌填于建筑物的接缝、门窗框四周、玻璃镶嵌部及建筑裂缝等处，能起到水密、气密作用的材料。

按材料形态分为：

①定型密封材料：根据工程要求制成的带、条等具有各种异形截面形状的弹性固体材料。常用的有止水带、遇水膨胀橡胶条和止水螺栓等。止水带是变形缝的必用防水配件，有橡胶止水带、塑料止水带、钢板止水带和橡胶加钢边止水带 4 种，我国多用橡胶止水带。

②不定型密封材料：在施工前是膏糊状的，具有一定流动性，但嵌填于建筑物接缝后，通过溶剂或水的蒸发、化学反应、加热等过程，能够转变成具有一定强度的固体材料，起到密封作用。如腻子、胶泥、嵌缝膏和密封膏等。目前推广应用丙烯酸酯、聚硫、硅酮、聚氨酯等中高档密封材料，禁止使用塑料油膏、聚氯乙烯胶泥等密封材料。

26. 什么是建筑灌浆材料?

灌浆是对建筑物裂缝进行防渗堵漏的一种有效的办法。灌浆材料具有黏度低、流动性好的特点，通过注浆设备能顺利地灌入地层或构筑物的缝隙及空洞中；凝结硬化后，有良好的抗渗性和耐久性，能填充空隙，起防渗堵漏固结作用。

针对民用建筑裂缝，根据建筑部位和功能的要求可分为回填灌浆、接缝灌浆、补强灌浆和裂缝灌浆等；按照裂缝的大小、结构及部位的要求不同，采用不同灌浆材料。

灌浆材料是防渗堵漏或加固地层的专用材料。灌浆浆液材料常用的有：水泥、水泥砂浆、水玻璃（硅酸钠）类、丙烯酸盐类或环氧树脂类、甲基丙烯酸酯类和聚氨酯类等。

27. 什么是止水带?

止水带是防止、阻止水分渗透而制作安装的带状物，宽度200～350mm，按设计选用，适当延长渗径，在混凝土浇筑过程中部分或全部浇埋在混凝土中，具有一定的强度和韧性，其强度和韧性介于止水条和止水钢板之间。

止水带的选择应根据构筑物的重要性等级、变形缝变形量及水压、止水带的使(应)用工作环境、经济因素等条件综合考虑确定。一般用于防水部位的竖向止水，如施工缝、后浇带或板墙结构的沉降缝、伸缩缝等沉降变形大的地方。

固定止水带的方法有附加钢筋固定法、专用卡具固定法、钢丝和模板固定法等。如需穿孔时，只能选在止水带的边缘安装区，不得损伤其他部位。如需现场连接时，可采用电加热板硫化粘合、冷粘接（橡胶止水带）或焊接（塑料止水带）的方法。

28. 什么是止水条?

遇水膨胀止水条是由高分子、无机吸水膨胀材料与橡胶及助剂合成的具有自粘性能的一种新型建筑防水材料。止水条是靠吸水膨胀后与混凝土挤密，堵塞空隙来止水的。规格尺寸一般为20mm×30mm或50mm×50mm。可用于地下无水的建筑，一般用于建筑物的次要部位或要求不严的部位，如地下水位以上的地下室外墙、基础筏板等，主要防止土层中的毛细水。

29. 什么是止水钢板?

新旧混凝土接缝位置称为施工缝，此属于防水混凝土防水的薄弱环节，增加止水钢板后，水沿着新旧混凝土接槎位置的缝隙渗透时碰见止水钢板即无法再往里渗，止水钢板起到了切断水渗透路径的作用。

即使沿着止水钢板与混凝土之间的缝隙渗透，止水钢板有一定宽度，也延长了水的渗透路径，同样可以起到防水作用。止水钢板的“开口”朝迎面，且钢板与混凝土结合紧密，辅以钢板八字形状，地下水很难沿施工缝从钢板浸透。

适用于有地下水的构筑物，如水池等有水的建筑，以及埋深在地下水位以下的水平和竖向施工缝处。止水钢板厚度一般 3mm，宽度 > 200mm，长度一般加工成 3m 或者 6m。施工时，尽力保证止水钢板在墙体中线上。两块钢板之间的焊接要饱满且为双面焊，钢板搭接不小于 200mm。墙体转角处的处理通常采用整块钢板弯折、丁字形焊接、7 字形焊接等。止水钢板的支撑焊接，可以用小钢筋电焊在主筋上。止水钢板穿过柱箍筋时，可以将所穿过的箍筋断开，制作成开口箍，电焊在钢板上。

三、建筑防水施工

30. 防水材料的最小厚度或最小材料用量是多少?

（1）柔性防水材料

柔性防水材料最小厚度见表 30-1。

柔性防水材料最小厚度 **表 30-1**

<table>
<tr><th colspan="4">防水层</th><th>最小厚度（mm）</th></tr>
<tr><td rowspan="10">防水卷材</td><td rowspan="5">聚合物改性沥青类防水卷材</td><td colspan="2">热熔法施工聚合物改性防水卷材</td><td>3.0</td></tr>
<tr><td colspan="2">热沥青粘结和胶粘法施工聚合物改性防水卷材</td><td>3.0</td></tr>
<tr><td colspan="2">预铺反粘防水卷材（聚酯胎类）</td><td>4.0</td></tr>
<tr><td rowspan="2">自粘聚合物改性防水卷材（含湿铺）</td><td>聚酯胎类</td><td>3.0</td></tr>
<tr><td>无胎类及高分子膜基</td><td>1.5</td></tr>
<tr><td rowspan="5">合成高分子类防水卷材</td><td colspan="2">均质型、带纤维背衬型、织物内增强型</td><td>1.2</td></tr>
<tr><td colspan="2">双面复合型</td><td>主体片材芯材 0.5</td></tr>
<tr><td rowspan="2">预铺反粘防水卷材</td><td>塑料类</td><td>1.2</td></tr>
<tr><td>橡胶类</td><td>1.5</td></tr>
<tr><td colspan="2">塑料防水板</td><td>1.2</td></tr>
</table>

续表

防水层		最小厚度（mm）
防水涂料	反应型高分子类防水涂料、聚合物乳液类防水涂料和水性聚合物沥青类防水涂料	1.5
	热熔施工橡胶沥青类防水涂料	2.0
	热熔施工橡胶沥青类防水涂料＋防水卷材	1.5

（2）刚性防水材料

刚性防水材料最小厚度或最小材料用量见表 30-2。

刚性防水材料最小厚度或用量　　　表 30-2

防水层		最小厚度（mm）	最小材料用量（kg/m^2）
防水砂浆	聚合物水泥防水砂浆	6	—
	水泥防水砂浆	18	—
防水涂料	水泥基渗透结晶型防水涂料	1	1.5（喷涂） 1.6（干撒）
	聚合物水泥防水涂料（Ⅱ型、Ⅲ型）	1.5	—
	聚合物水泥防水浆料	2	—
	无机水性渗透结晶型材料	—	0.3
细石混凝土		40	—

31. 掺抗裂、防水外加剂的防水混凝土应满足什么要求?

掺抗裂、防水外加剂的防水混凝土设计强度等级不应低于 C30，防水混凝土抗渗等级可采用基准值设计，抗渗等级不得小于 P8；也可采用代用值进行设计，且抗渗等级不得小于 HP12。地下工程掺抗裂、防水外加剂的防水混凝土设计抗渗等级应满足表 31-1 规定。

防水混凝土设计抗渗等级　　表 31-1

类别		设计抗渗等级	
		基准值	代用值
工程埋置深度（m）	$H<10$	≥P8	≥HP12
	$10\leqslant H<20$	≥P10	≥HP19
	$20\leqslant H$	≥P12	≥HP26

32. 防水工程对基面有什么要求?

（1）基层应符合设计要求，并应通过验收。基层表面应坚实、平整，无浮浆、起砂、裂缝现象。

（2）与基层相连接的各类管道、地漏、预埋件、设备支座等应安装牢固。

（3）管根、地漏与基层的交接部位，应预留宽 10mm、深 10mm 的环形凹槽，槽内应嵌填密封材料。

（4）基层的阴阳角部位宜做成圆弧形，并应整齐、平顺，以免空鼓、粘结不良。

（5）基层表面不得有积水，基层的含水率应满足施工要求。

33. 为什么防水层施工完成后要做保护层?

非外露防水层施工完成后，还需要在防水层上做后续工序。若不做保护层，很容易造成局部防水层的破损。若破损处得不到及时修补，后续会造成渗漏，进而导致局部修补或全部翻修。因此，防水层施工完成后需要做保护层，起到保护防水层的作用。

34. 水泥基渗透结晶型防水材料采用干撒施工时，应注意什么？

底板迎水面干撒水泥基渗透结晶型防水涂料施工，宜在底板混凝土浇筑前 1~2h 进行；底板背水面和顶板迎水面干撒水泥基渗透结晶型防水涂料施工，应在混凝土初凝前随撒随抹，终凝前二次压实、收光。

35. 在地下防水工程中，当防水材料叠合使用时，应符合什么规定？

（1）两层防水层分开设置或与不同品种卷材叠合使用时，每层防水卷材的厚度应符合一道设防的规定。

（2）防水卷材双层使用时，其最小厚度应符合二道设防的设防厚度要求。

（3）主体结构侧墙和顶板的防水卷材应满粘，侧墙防水卷材不应竖向倒槎搭接。结构底板垫层混凝土部位的卷材可采用空铺法或点粘法施工，其粘结位置、点粘面积应按设计要求。

（4）防水卷材与防水涂料叠合使用时，相关要求应符合表 35-1 和表 35-2 的规定。

涂料防水层品种及最小厚度（mm） 表 35-1

涂料品种	一道设防	二道设防（涂料与卷材叠合使用）
反应型高分子类防水涂料	1.5	1.5
聚合物乳液类防水涂料	1.5	1.5

续表

涂料品种	一道设防	二道设防（涂料与卷材叠合使用）
水性聚合物沥青类防水涂料	1.5	1.5
热熔施工橡胶沥青类防水涂料	2.0	2.0

防水卷材的品种和最小厚度（mm） 表 35-2

卷材品种	聚合物改性沥青防水卷材						合成高分子类防水卷材			
	热熔法施工聚合物改性防水卷材	聚合物改性沥青防水卷材		预铺反粘防水卷材（聚酯胎类）	自粘聚合物改性防水卷材（含湿铺）		三元乙丙橡胶防水卷材	聚氯乙烯防水卷材、热塑性聚烯烃防水卷材	聚乙烯丙纶复合防水卷材	高分子自粘胶膜预铺防水卷材
		热沥青粘结施工	胶粘法施工		聚酯胎类	无胎类及高分子膜基				
一道设防	4.0	3.0	3.0	4.0	3.0	1.5	1.5	1.2	[≥0.7 厚卷材（芯材厚度 0.5）+≥1.3 厚聚合物水泥粘结料]×2 [≥0.7 厚卷材（芯材厚度 0.5）+≥2.0 厚非固化橡胶沥青防水涂料]×2	1.2

续表

卷材品种		聚合物改性沥青防水卷材						合成高分子类防水卷材			
		热熔法施工聚合物改性防水卷材	聚合物改性沥青防水卷材		预铺反粘防水卷材（聚酯胎类）	自粘聚合物改性防水卷材（含湿铺）		三元乙丙橡胶防水卷材	聚氯乙烯防水卷材、热塑性聚烯烃防水卷材	聚乙烯丙纶复合防水卷材	高分子自粘胶膜预铺防水卷材
二道设防	卷材+卷材	4.0+3.0	—	3.0+3.0	—	3.0+3.0	1.5+1.5	1.2+1.2	—	—	—
	卷材+涂料	3.0	3.0	3.0	4.0	3.0	1.5	—	—	[≥0.8 厚卷材（芯材厚度 0.6）+≥1.5 厚非固化橡胶沥青防水涂料]×2	—
		防水涂料的厚度应符合表 35-1 的规定						—			

36. 柔性防水层保护层需满足什么要求?

柔性防水层保护层材料要求见表 36-1。

柔性防水层保护层材料要求　　表 36-1

位置		保护层材料	厚度（mm）
顶板	回填土采用机械碾压	细石混凝土	≥70
	回填土采用人工碾压		≥50
底板			≥50
侧墙		采用外防外贴法施工的防水层宜采用砌体保护，也可采用软质材料保护	—

注：1. 底板采用高分子自粘胶膜预铺防水卷材，防水层可不设保护层。
　　2. 有排水要求时，可采用塑料排水板做保护层。

37. 有机防水涂料防水层保护层需满足什么要求？

有机防水涂料防水层保护层材料要求见表 37-1。

有机防水涂料防水层保护层材料要求 **表 37-1**

<table>
<tr><th colspan="2">位置</th><th>保护层材料</th><th>厚度（mm）</th></tr>
<tr><td colspan="2" rowspan="2">顶板、底板</td><td>细石混凝土</td><td>40～50</td></tr>
<tr><td>DP M20 砂浆（1：2.5 水泥砂浆）</td><td rowspan="3">20</td></tr>
<tr><td rowspan="3">侧墙</td><td>背水面</td><td>DP M20 砂浆（1：2.5 水泥砂浆）</td></tr>
<tr><td rowspan="2">迎水面</td><td>DP M20 砂浆（1：2.5 水泥砂浆）</td></tr>
<tr><td>软质保护材料</td><td>—</td></tr>
</table>

38. 隔离层材料需满足什么要求?

种植顶板细石混凝土保护层与卷材、涂膜防水层之间，应设置隔离层。隔离层材料适用范围及技术要求见表 38-1。

隔离层材料适用范围及技术要求　　表 38-1

隔离层材料	适用范围	技术要求
塑料膜	块体材、水泥砂浆保护层	0.2mm 厚聚乙烯土工膜或 3mm 厚发泡聚乙烯膜
土工布		100g/m³聚酯无纺布
卷材		石油沥青卷材
低强度等级砂浆	细石混凝土保护层	20mm 厚 DS M15 砂浆（1 : 3 水泥砂浆）

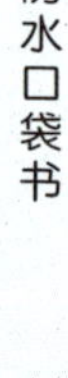

39. 地下工程防水方法有哪些?

地下工程防水目前主要有 3 种方法:

(1) 混凝土结构自防水法

这就是采用防水混凝土来衬砌地下工程结构，在结构设计、材料选用、施工要求等方面采取一系列措施，使混凝土衬砌既能起到结构的承重作用，又能起到防水作用。

(2) 外贴卷材防水法

这就是在地下工程结构的外表粘贴卷材防水层。这种防水法一般为热施工，操作条件较麻烦。但由于外贴卷材能够保护地下工程结构免受地下水侵蚀、渗透和毛细作用的有害影响，因此目前仍得到广泛应用。卷材冷贴施工法的出现，为地下工程采用卷材防水层开辟了更好的前景。

(3) 涂料防水法

这就是在地下工程结构的内表面或外表面涂刷或喷涂防水涂料。目前我国使用的聚合物水泥 (JS) 防水涂膜、聚氨酯防水涂料、喷涂速凝橡胶沥青防水涂料等较适合地下工程应用。

40. 明挖法与暗挖法施工有什么区别?

明挖法是指挖开地面，由上向下开挖土石方至设计标高后，自基底由下向上顺作施工完成隧道主体结构，最后回填基坑或恢复地面的施工方法。在地面交通和环境允许的地方通常采用明挖法施工，浅埋地铁车站和区间隧道也经常采用明挖法。该方法施工技术简单、快速、经济，常被作为首选方案；但其缺点也十分明显，如阻断交通时间较长，噪声与振动等对环境造成影响。

暗挖法是在特定条件下不挖开地面，全部在地下进行开挖和修筑衬砌结构的隧道施工方法。暗挖法主要包括钻爆法、盾构法、掘进机法、浅埋暗挖法、顶管法、沉管法等。其中以浅埋暗挖法和盾构法应用较为广泛。

1）浅埋暗挖法（浅埋矿山法）

浅埋暗挖法是充分利用围岩的自承能力和开挖面的空间约束作用，采用锚杆和喷射混凝土为主要支护手段对围岩进行加固，约束围岩的松弛和变形，并通过对围岩和支护的量测、监控，指导地下工程的设计施工。浅埋暗挖法是针对埋置深度较浅、松散不稳定的土层和软弱破碎岩层施工而提出来的。浅埋暗挖法的施工技术特点：围岩变形波及地表；要求刚性支护或地层改良；通过试验段来指导设计和施工。

2）盾构法

盾构法施工是以盾构机在地面以下暗挖隧道的一种施工方法。盾构（Shield）是一个既可以支承地层压力又可以在地层中推进的活动钢筒结构，钢筒的前端可以拼装预制或现浇隧道衬砌环。盾构每推进一环距离，就在盾尾支护下拼装（或现浇）一环衬砌，并向衬砌环外围的空隙中压注水泥砂浆以防止隧道及地面下沉。盾构推进的反力由衬砌环承担。盾构施工前应先修建一竖井，在竖井内安装盾构，盾构开挖出的土体由竖井通道送出地面。

41. 明挖法地下工程防水做法是什么？

（1）明挖法地下工程防水做法应符合表41-1的规定。

明挖法地下工程防水做法　　表41-1

防水等级	防水做法	防水混凝土	外设防水层		
			防水卷材	防水涂料	水泥基防水材料
一级	不应少于3道	为1道，应选	不少于2道； 防水卷材或防水涂料不应少于1道		
二级	不应少于2道	为1道，应选	不少于1道； 任选		
三级	不应少于1道	为1道，应选	—		

注：水泥基防水材料指防水砂浆、外涂型水泥基渗透结晶防水材料。

（2）叠合式结构的侧墙等工程部位，外设防水层应采用水泥基防水材料。

42. 暗挖法地下工程防水做法是什么?

（1）矿山法地下工程复合式衬砌的防水做法应符合表 42-1 的规定。

矿山法地下工程复合式衬砌的防水做法　　表 42-1

防水等级	防水做法	防水混凝土	外设防水层		
			塑料防水板	预铺反粘高分子防水卷材	喷涂施工的防水涂料
一级	不应少于 2 道	为 1 道，应选	塑料防水板或预铺反粘高分子防水卷材不应少于 1 道，且厚度不应小于 1.5mm		
二级	不应少于 2 道	为 1 道，应选	不应少于 1 道； 塑料防水板厚度不应小于 1.2mm		
三级	不应少于 1 道	为 1 道，应选	—		

（2）盾构法隧道工程防水应符合下列规定:

1）混凝土管片抗压强度等级不应低于 C50，且抗渗等级不应低于 P10。

2）管片应至少设置 1 道密封垫沟槽，管片接缝密封垫应能被完全压入管片沟槽内。密封垫沟槽截面积与密封垫截面积的比例不应小于 1.00，且不应大于 1.15。

3）管片接缝密封垫应能保障在计算的接缝最大张开量、设计允许的最大错位量及埋深水头不小于 2 倍水压的情况下不渗漏。

4）管片螺栓孔的橡胶密封圈外形应与沟槽相匹配。

43. 明挖法地下工程围护结构的一般构造层次是什么？

（1）地下工程底板防水构造图见图 43-1。

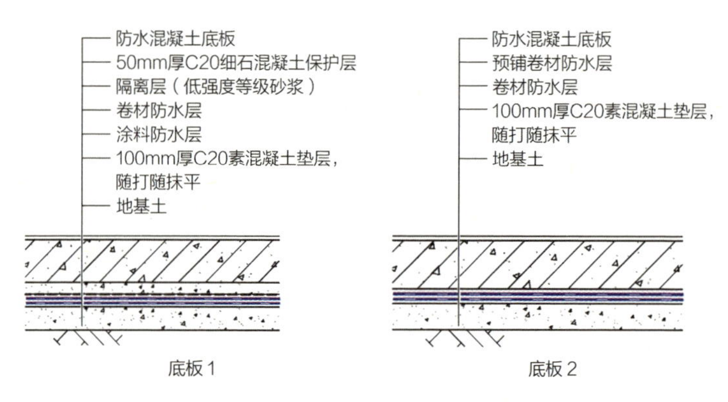

图 43-1　地下工程底板防水构造图

（2）地下工程侧墙防水构造图见图 43-2。

（3）地下工程顶板防水构造图见图 43-3。

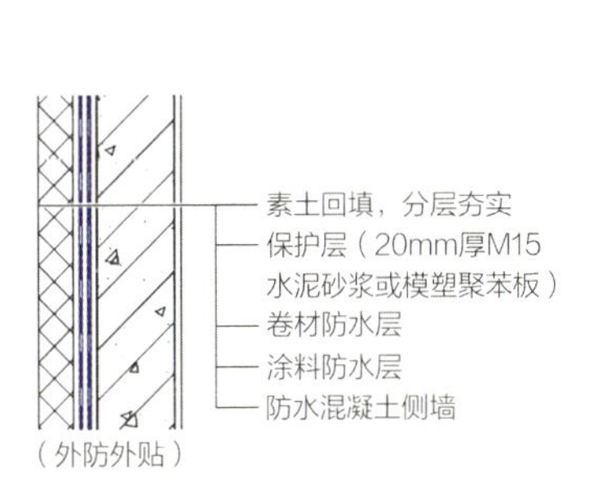

图 43-2　地下工程侧墙防水构造图

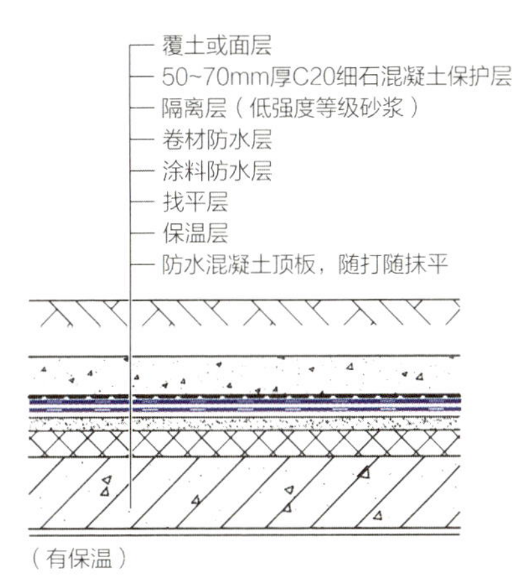

图 43-3　地下工程顶板防水构造图

44. 矿山法隧道工程以刚性防水为主体的防水做法应符合什么规定？

（1）二次衬砌应采用防水混凝土。

（2）外设防水层应根据防水等级、围岩等级、周边环境、水头压力、腐蚀情况等，采用全包防水层或局部外包防水层；当采用全包防水时，可根据上述情况设置 1 道或 2 道防水层。

（3）外设防水层材料可选用塑料防水板、聚合物水泥防水涂料、聚合物水泥防水砂浆等。

45. 明挖法地下工程防水混凝土最低抗渗等级应满足什么条件?

明挖法地下工程防水混凝土最低抗渗等级见表 45-1。

明挖法地下工程防水混凝土最低抗渗等级　　表 45-1

防水等级	市政工程现浇混凝土结构	建筑工程现浇混凝土结构	装配式衬砌
一级	P8	P8	P10
二级	P6	P8	P10
三级	P6	P6	P8

46. 在明挖法地下工程中，刚性防水层的设置位置应符合什么规定？

（1）在底板上设置时，除水泥渗透结晶材料干撒法外，砂浆防水层、涂料防水层（除聚合物水泥防水涂料外）、细石混凝土防水层均宜设置在底板背水面。

（2）在侧墙上设置时，砂浆防水层和涂料防水层宜设置在迎水面，当施工条件受限时，也可设置在背水面。

（3）在顶板上设置时，砂浆防水层、涂料防水层、细石混凝土防水层均应设置在顶板迎水面。

（4）在不同结构板交接处，当两个结构板的刚性防水层分别设置在迎水面和背水面时，其中一结构板的刚性防水层宜延伸至另一结构板面，延伸部分不宜小于300mm；当刚性防水层为细石混凝土时，延伸部分的防水层可采用防水砂浆或涂料。

47. 明挖法地下工程防水施工中的降水应符合什么规定?

（1）在浇筑底板混凝土前及地下防水工程施工期间，地下水位应低于垫层底部标高500mm。

（2）工程底板范围内的降水井，在降水结束后应封堵牢固、密实。

48. 在地下工程中，临时钢立柱、钢管穿过结构板时，防水做法应符合什么规定?

（1）应在与结构板交接处的钢构件外侧周边焊接止水钢环，止水钢环应位于结构板结构断面中间位置，宽度不应小于 50mm。

（2）支模或降水用的钢管割除后，钢管内应填充混凝土，混凝土宜采用微膨胀混凝土；钢管应采用钢板封口，封口钢板与管口周边应焊接牢固、严密。

49. 为什么地下工程卷材防水宜采用外防水做法?

将卷材防水层粘贴在地下工程结构的迎水面通常称为外防水，贴于背水面称为内防水。卷材外防水可以保护地下工程主体结构免受地下水有害作用的影响；防水层可以借助土压力压紧，并可和承重结构一起抵抗有压地下水的渗透。而内防水做法不能保护主体结构，且必须另设一套内衬结构压紧防水层，以抵抗有压地下水的渗透，有时甚至需设置锚栓将防水层及支承结构连成整体。因此，一般掘开施工的地下工程都不采用内防水做法。

50. 在地下工程中，防水卷材施工要求是什么？

（1）胶（冷）粘、热熔、自粘施工的防水卷材施工前，基面应干燥，并应涂刷基层处理剂。所选用的基层处理剂应与卷材或粘结材料相配套；基层处理剂涂布应均匀，不得露底，表面干燥后方可铺贴防水卷材。

（2）采用热熔法施工的防水卷材应加热均匀，不得加热不足或烧穿卷材。

（3）结构底板垫层部位的防水卷材可空铺或点粘，侧墙采用外防外贴的卷材和顶板部位的卷材应采用满粘法。

（4）卷材与基层、卷材与卷材间粘结应紧密、牢固。

（5）侧墙、立面部位外防外贴法铺贴防水卷材时，应由下往上铺贴，搭接边处上幅卷材应压盖住下幅卷材，并应采取防止卷材下滑的临时固定措施，收头部位应固定密封。

（6）侧墙、立面部位外防内贴法铺贴防水卷材时，宜按照自上而下的顺序铺贴，顶部收头部位应做好固定。绑扎钢筋及浇筑混凝土时，应避免造成卷材防水层破坏。

51. 在地下工程中，防水涂料施工要求是什么？

（1）防水涂料宜涂刷（喷涂）在符合设计要求的基面上。基层处理剂应选用与防水涂料相容的产品。

（2）防水涂料的施工应先做细部节点处理，再进行大面积防水涂料施工。

（3）宜多遍均匀涂布，立面施工时宜选用抗流坠材料。

（4）大面积施工时可铺贴胎体增强材料，宜选用对涂料浸润性好的无纺布胎体增强材料，其克重宜为 30～60g/m^2。

52. 在地下工程中，防水砂浆施工要求是什么？

（1）基层表面应平整、坚实、清洁、湿润、无明水，孔洞和缝隙等部位应修补平整。

（2）应分层施工，铺抹时应压实、抹平，最后一层表面应提浆压光。

（3）砂浆终凝后应及时养护。养护温度不宜低于 5℃，并应保持砂浆表面湿润，养护时间不得少于 14d。

53. 中埋式止水带施工时应符合什么规定?

（1）钢板止水带采用焊接连接时应满焊密实。

（2）橡胶止水带接头不得设在结构转角部位，在转弯处应做成圆弧形，转角半径不应小于 200mm，转角半径应随止水带的厚度增大而相应增大。

（3）自粘丁基橡胶钢板止水带自粘搭接长度不应小于 80mm；当采用对拉螺栓固定搭接时，搭接长度不应小于 50mm。

54. 在明挖法地下工程中，防水卷材施工应符合什么规定?

（1）主体结构侧墙和顶板上的防水卷材应满粘，侧墙防水卷材不应竖向倒槎搭接。

（2）支护结构铺贴防水卷材施工，应采取防止卷材下滑、脱落的措施；防水卷材大面不应采用钉钉固定；卷材搭接应密实。

（3）当铺贴预铺反粘类防水卷材时，自粘胶层应朝向待浇筑混凝土；防粘隔离膜应在混凝土浇筑前撕除。

55. 什么是正置式屋面?

正置式屋面是指保温层位于防水层下方的保温屋面（图 55-1）。该做法多用于采用加气混凝土、膨胀珍珠岩、矿棉等保温隔热材料做保温层的屋面，该类传统的保温隔热材料容易吸水，而吸水后就大大降低保温隔热性能，所以保温层只能做在防水层之下。而且，由于容易受到气温热胀冷缩和日光紫外线的影响而产生老化、开裂，对屋面的防水很不利。

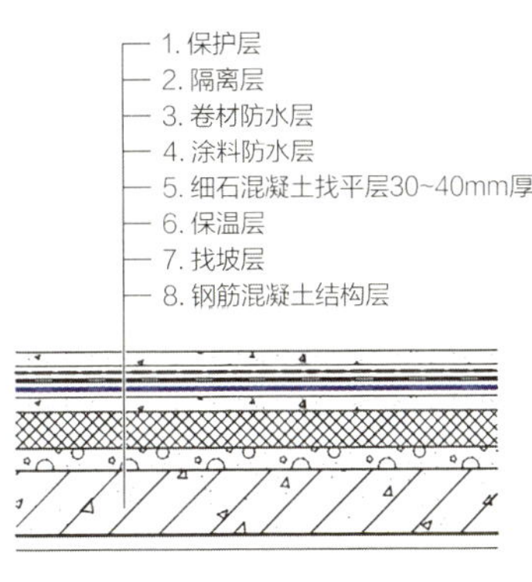

图 55-1　正置式屋面防水构造图

56. 什么是倒置式屋面?

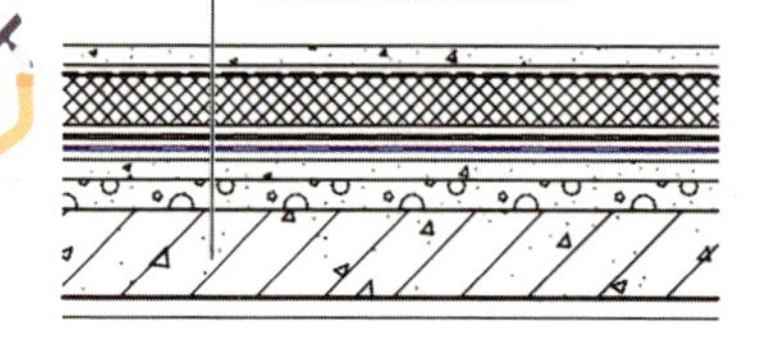

图 56-1　倒置式屋面防水构造图

倒置式屋面是指保温层位于防水层上方的保温屋面(图 56-1)。该做法目前多被应用于各类工程中，构造简化，避免浪费。倒置式屋面可以节省隔热层，因延长了防水层的使用年限，节省后期维护费用，综合经济效益高是显著的。防水层受到保护，避免热应力、紫外线以及其他因素对防水层的破坏。因防水层在保温层下部，避免热胀冷缩以及紫外线照射而产生的开裂和老化。南方降雨较多，防水重于保温，可采用倒置式屋面构造做法，将防水层置于结构层上。

57. 屋面基本构造层次有哪些?

屋面基本构造层次见表 57-1。

屋面基本构造层次　　　　表 57-1

屋面类型		基本构造层次（自上而下）
平屋面	正置式	保护层、隔离层、防水层、找平层、保温层、找平层、找坡层、（防水层）、结构层
	倒置式	保护层、保温层、防水层、找平层、找坡层、结构层
	种植屋面	排（蓄）水层和过滤层、保护层、隔离层、耐根穿刺防水层、普通防水层、找平层、保温层、找平层、找坡层、结构层
	架空屋面	架空隔热层、保护层、防水层、找平层、保温层、找平层、找坡层、结构层
瓦屋面		块瓦、挂瓦条、顺水条、持钉层、防水层或防水垫层、保温层、结构层
		沥青瓦、持钉层、防水层或防水垫层、保温层、结构层
压型金属板屋面		压型金属板、防水层、保温层（绝热层）、隔汽层、承托网、支承结构
		上层压型金属板、防水层、保温层（绝热层）、隔汽层、承托网、支承结构
单卷防水屋面		附加层、防水层、覆盖层、保温隔热层、隔汽层、承重结构

注：钢筋混凝土屋面板随打随抹平，防水层可直接做在结构板上。

58. 平屋面工程的防水做法?

平屋面工程防水做法见表 58-1。

平屋面工程防水做法　　表 58-1

防水等级	防水做法	防水层	
		防水卷材	防水涂料
一级	不应少于 3 道	卷材防水层不应少于 1 道	
二级	不应少于 2 道	卷材防水层不应少于 1 道	
三级	不应少于 1 道	任选	

59. 瓦屋面工程的防水做法?

瓦屋面工程防水做法应符合表 59-1 的规定。

瓦屋面工程防水做法　　表 59-1

防水等级	防水做法	防水层		
		屋面瓦	防水卷材	防水涂料
一级	不应少于 3 道	为 1 道，应选	卷材防水层不应少于 1 道	
二级	不应少于 2 道	为 1 道，应选	不应少于 1 道	
三级	不应少于 1 道	为 1 道，应选	—	

60. 金属屋面工程的防水做法?

金属屋面工程防水做法应符合表 60-1 的规定。全焊接金属板屋面应视为一级防水等级的防水做法。

金属屋面工程防水做法 **表 60-1**

防水等级	防水做法	防水层	
		金属板	防水卷材
一级	不应少于 2 道	为 1 道，应选	不应少于 1 道 厚度不应小于 1.5mm
二级	不应少于 2 道	为 1 道，应选	不应少于 1 道
三级	不应少于 1 道	为 1 道，应选	—

61. 种植屋面工程防水层应遵循什么要求？

（1）种植屋面防水层应满足一级防水等级设防要求，且必须至少设置一道具有耐根穿刺性能的防水材料。

（2）种植屋面防水层应采用不少于两道防水设防，上道应为耐根穿刺防水材料，下道为普通防水层防水设防。

（3）两道防水层应相邻铺设且防水层的材料应相容。种植屋面普通防水层一道防水设防最小厚度见表 61-1。

种植屋面普通防水层一道防水设防最小厚度　　表 61-1

材料名称	最小厚度（mm）
改性沥青防水卷材	4.0
高分子防水卷材	1.5
聚合物改性沥青防水卷材	3.0
高分子防水涂料	2.0
聚脲防水涂料	2.0

62. 平屋面自防水混凝土结构层应符合什么规定?

（1）应采用整体现浇的自防水钢筋混凝土屋面板，厚度不宜小于 120mm。

（2）防水混凝土构件表面最大裂缝宽度计算值不应大于 0.15mm。

（3）屋面板的现浇层应双层双向配筋，钢筋间距不应大于 150mm，屋面转角、断面厚度变化等部位，应配置抗裂构造钢筋，板面还应增设抵抗收缩变形的构造钢筋网片。

（4）屋面板结构防水混凝土内掺防水剂并应增加抗裂措施，宜掺加钢纤维，体积掺量宜为 0.5%～1.5%。

63. 高低跨、女儿墙、山墙等凸出屋面构造部位防水加强层及泛水高度应符合什么规定？

（1）砌体结构的高低跨、女儿墙等墙根应设置混凝土翻边构造，高度不应小于200mm。

（2）坡屋面山墙、高低跨等墙根立面与平面转角部位应设置柔性防水涂料加强层，加强层转角两侧宽度均不应小于150mm，厚度不应小于2mm。

（3）屋面防水层泛水高度不应低于屋面完成面250mm。

64. 屋面排水坡度应满足什么要求?

屋面排水坡度应根据屋顶结构形式、屋面基层类别、防水构造形式、材料性能及使用环境等条件确定，并应符合下列规定:

（1）屋面排水坡度要求应符合表 64-1 的规定。

屋面排水坡度要求 表 64-1

屋面类型		屋面排水坡度（%）
平屋面		≥2
瓦屋面	块瓦	≥30
	波形瓦	≥20
	沥青瓦	≥20
	金属瓦	≥20
金属屋面	压型金属板、金属夹芯板	≥5
	单层防水卷材金属屋面	≥2
种植屋面		≥2
玻璃采光顶		≥5

（2）当屋面采用结构找坡时，其坡度不应小于 3%。

（3）混凝土屋面檐沟、天沟的纵向坡度不应小于 1%。

65. 在屋面防水工程中，防水材料应遵循什么原则？

（1）应根据当地历年最高气温、最低气温、屋面坡度和使用条件等因素，选择耐热度、低温柔性相适应的防水卷材和涂料。

（2）应根据地基变形程度、结构形式、当地年温差、日温差和振动等因素，选择拉伸性能相适应的防水卷材和涂料。

（3）应根据屋面防水材料的暴露程度，选择耐紫外线、耐老化、耐霉烂相适应的防水卷材和涂料。

（4）屋面坡度大于25%时，应选择成膜时间较短的涂料。

（5）复合防水设计时，选用的防水卷材与防水涂料应相容，防水涂膜宜设置在防水卷材的下面。

（6）非外露防水材料暴露使用时应设有保护层。

66. 在屋面防水工程中，密封材料应遵循什么原则？

（1）接缝密封防水设计应保证密封部位不渗水，并应做到接缝密封防水与主体防水层相匹配。

（2）密封材料的选择要综合考虑耐热度、低温柔性适应性、位移能力的适应性、与基层材料相容性、耐高低温、耐紫外线、耐老化和耐潮湿等性能的适应性。

67. 在屋面防水工程中，隔汽层应遵循什么原则？

（1）北方地区屋面隔汽层应设置在结构层上、保温层下。

（2）隔汽层应选用气密性、水密性好的材料。

（3）隔汽层应沿周边墙面向上连续铺设，高出保温层上表面不得小于150mm。

（4）隔汽层材料适用范围及技术要求见表67-1。

隔汽层材料适用范围及技术要求　　表67-1

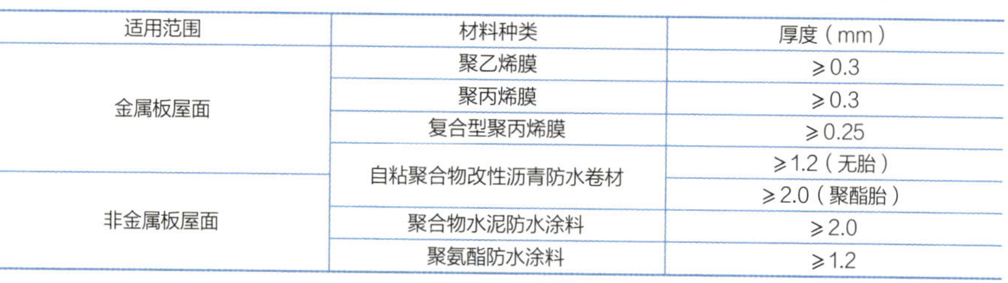

<table>
<tr><th>适用范围</th><th>材料种类</th><th>厚度（mm）</th></tr>
<tr><td rowspan="4">金属板屋面</td><td>聚乙烯膜</td><td>≥0.3</td></tr>
<tr><td>聚丙烯膜</td><td>≥0.3</td></tr>
<tr><td>复合型聚丙烯膜</td><td>≥0.25</td></tr>
<tr><td rowspan="2">自粘聚合物改性沥青防水卷材</td><td>≥1.2（无胎）</td></tr>
<tr><td rowspan="3">非金属板屋面</td><td>≥2.0（聚酯胎）</td></tr>
<tr><td>聚合物水泥防水涂料</td><td>≥2.0</td></tr>
<tr><td>聚氨酯防水涂料</td><td>≥1.2</td></tr>
</table>

68. 在屋面防水工程中，保护层应遵循什么原则？

（1）上人屋面保护层可采用块体材料、细石混凝土等材料，不上人屋面保护层可采用浅色涂料、铝箔、矿物粒料、细石混凝土等材料。保护层材料适用范围及技术要求见表 68-1。

保护层材料适用范围及技术要求　　表 68-1

保护层材料	适用范围	技术要求
浅色涂料	不上人屋面	丙烯酸系反射涂料
铝箔		0.05mm 厚铝箔反射膜
矿物粒料		不透明的矿物粒料
水泥砂浆		20mm 厚 DS M15（1：2.5）砂浆
细石混凝土		35mm 厚 C20 细石混凝土
块体材料	上人屋面	地砖或 30mm 厚 C20 细石混凝土预制块
细石混凝土		40mm 厚 C20 细石混凝土或 50mm 厚 C20 细石混凝土内配 ϕ4@100 双向钢筋网片

（2）采用块体材料做保护层时，宜设分格缝，其纵横间距不宜大于10m，分格缝宽度宜为 20mm，并应用密封材料嵌填。

（3）采用现浇细石混凝土保护层时，应设分格缝，纵横间距不宜大于 6m，分格缝宽度 10～20mm，并用密封材料嵌填。

（4）块体材料、细石混凝土保护层与女儿墙或山墙之间，应预留宽度为 30mm 的缝隙，缝内宜填塞聚苯乙烯泡沫塑料，并应用密封材料嵌填。

69. 在屋面防水工程中，隔离层应遵循什么原则？

块体材料、细石混凝土保护层与卷材、涂膜防水层之间，应设置隔离层。隔离层材料适用范围及技术要求见表 69-1。

隔离层材料适用范围及技术要求　　表 69-1

隔离层材料	适用范围	技术要求
塑料膜	块体材料、水泥砂浆保护层	0.4mm 厚聚乙烯膜或 3mm 厚发泡聚乙烯
土工布		200g/m^3 聚酯无纺布石油沥青卷材一层
卷材		石油沥青卷材一层
低强度等级砂浆	细石混凝土保护层	20mm 厚 M15 1∶2.5 水泥砂浆

70. 在屋面防水工程中，耐根穿刺防水层应满足什么条件?

（1）种植屋面防水层应满足一级防水等级设防要求，采用不少于三道防水设防，且必须至少设置一道具有耐根穿刺性能的防水材料。耐根穿刺防水层为上道防水，其他防水层应相邻铺设且防水层的材料应相容。容器式种植屋面防水层可均为普通防水层。

（2）耐根穿刺防水材料应具有耐霉菌腐蚀性能。

（3）改性沥青类耐根穿刺防水材料应含有化学阻根剂。

71. 建筑外墙工程防水等级及做法有哪些?

建筑外墙防水应根据工程所在地区的工程防水使用环境类别进行整体防水设计。建筑外墙门窗洞口、雨篷、阳台、女儿墙、室外挑板、变形缝、穿墙套管和预埋件等节点应采取防水构造措施，并应根据工程防水等级设置墙面防水层。

外墙工程防水等级及防水做法见表 71-1。

外墙工程防水等级及防水做法　　　　表 71-1

基层墙体种类	防水等级	防水做法	防水层材料
框架填充或砌体结构	一级	不应少于 2 道	防水砂浆不应少于 1 道
	二级	不应少于 1 道	防水砂浆、防水涂料任选 1 道
现浇混凝土或装配式混凝土外墙	一级	不应少于 1 道	防水砂浆、防水涂料任选 1 道
	二级	—	—

72. 外墙工程防水层的最小厚度是多少?

外墙工程防水层最小厚度见表 72-1。

外墙工程防水层最小厚度（mm） 表 72-1

<table>
<tr><th rowspan="2">基层墙体种类</th><th rowspan="2">饰面层种类</th><th colspan="2">聚合物水泥防水砂浆</th><th rowspan="2">普通防水砂浆</th><th rowspan="2">聚合物水泥防水涂料</th></tr>
<tr><th>干粉型</th><th>乳液型</th></tr>
<tr><td rowspan="3">框架填充或砌体结构</td><td>涂料</td><td rowspan="3">3</td><td rowspan="3">5</td><td rowspan="3">8</td><td>1.5</td></tr>
<tr><td>面砖</td><td>—</td></tr>
<tr><td>开放式幕墙</td><td>1.5</td></tr>
<tr><td rowspan="3">现浇混凝土或装配式混凝土外墙</td><td>涂料</td><td rowspan="3">5</td><td rowspan="3">8</td><td rowspan="3">10</td><td>1.5</td></tr>
<tr><td>面砖</td><td>—</td></tr>
<tr><td>开放式幕墙</td><td>1.5</td></tr>
</table>

73. 蓄水类工程现浇混凝土结构自防水设计应符合什么规定?

（1）池体底板、外围侧板和有土覆盖的顶板应采用防水混凝土。

（2）防水混凝土构件的最大裂缝宽度限值不应大于 0.2mm。

（3）防水混凝土底板、侧板和顶板的厚度均不应小于 200mm。

74. 装配式混凝土外墙板接缝密封防水施工应符合什么规定?

（1）密封防水施工前，应将板缝空腔清理干净，并应涂刷与密封材料配套的基面处理剂。

（2）应按设计要求填塞背衬材料。

（3）密封材料嵌填应饱满、密实、均匀、连续、表面平滑，其厚度应满足设计要求。

75. 砂浆防水层施工时，耐碱玻璃纤维网格布应符合什么规定？

（1）在基层均匀涂抹一层防水砂浆。

（2）将耐碱玻璃纤维网格布压入防水砂浆涂层中，待防水砂浆初凝时，再涂抹第二层防水砂浆，直至全部覆盖耐碱玻璃纤维网格布，使耐碱玻璃纤维网格布处于砂浆防水层的中间偏外处。

（3）抹平砂浆防水层并使总厚度达到设计要求。

76. 建筑内墙防水等级应如何分类?

建筑内墙防水等级应依据工程类别和工程防水使用环境类别分为一级和二级，具体要求见表 76-1。

建筑内墙防水等级　　表 76-1

防水等级	工程类别
一级防水	Ⅰ类、Ⅱ类防水使用环境下的甲类工程
二级防水	Ⅲ类防水使用环境下的甲类工程

注：1. 甲类工程指民用建筑和对渗漏敏感的工业建筑室内楼地面。
2. 工程防水使用环境Ⅰ类指频繁遇水场合，或长期相对湿度 RH≥90%；Ⅱ类指间歇遇水场合；Ⅲ类指偶发渗漏水可能造成明显损失的场合。

77. 室内墙面防水层要求?

室内侧墙防水层不应少于1道。

室内墙面防水层材料品种及最小厚度应符合表77-1的要求。

室内墙面防水层材料品种及最小厚度 表77-1

品种	最小厚度（mm）
丙烯酸防水涂料	1.50
聚氨酯防水涂料	1.50
聚合物水泥防水涂料	1.50
聚合物水泥防水浆料	1.50
硅橡胶防水涂料	1.50

78. 室内楼地面防水做法是什么？

室内楼地面防水做法见表 78-1。

室内楼地面防水做法　　表 78-1

防水等级	防水做法	防水层		
		防水卷材	防水涂料	水泥基防水材料
一级	不应少于 2 道	防水涂料或防水卷材不应少于 1 道		
二级	不应少于 1 道	任选		

79. 建筑室内卫生间、浴室、厨房等有水区域的地面和墙面设置防水层时应符合什么规定？

（1）地面防水层施工前，墙根阴角应采用聚合物水泥防水材料做加强层，立面及平面宽度各不应小于 150mm。

（2）地面防水层采用防水砂浆时，防水砂浆可直接设置在结构楼板面兼作找坡层，地面坡度宜为 1%，并不得有积水，防水层四周上翻高度不应小于 300mm。

（3）墙面防水层采用防水砂浆时，防水砂浆可直接设置在墙体结构上兼作找平层。

80. 室内墙面防水层设防高度应符合什么规定?

（1）盥洗设施、洗碗池、拖把池等用水区域墙面的防水层应高出龙头出水口不小于500mm，两侧应超出用水区域外缘各不小于1000mm。

（2）卫生间、浴室和设有配水点的封闭阳台等墙面防水层高度距楼面、地面面层不宜小于2000mm。

（3）当卫生间有非封闭式洗浴设施时，花洒所在及其邻近墙面防水层应至上层楼板底或吊顶以上50mm。

81. 混凝土结构蓄水类工程防水混凝土的要求是什么？

混凝土结构蓄水类工程防水混凝土设计要求见表 81-1。

混凝土结构蓄水类工程防水混凝土设计要求　　表 81-1

防水等级	设计抗渗等级	顶板最小厚度（mm）	底板及侧墙最小厚度（mm）	最大裂缝宽度（mm）	最小钢筋保护层厚度（mm）
一级	≥P8	250	300	0.20	35
二级、三级	≥P6	200	250	0.20	30

82. 防水卷材最小搭接宽度应为多少?

防水卷材最小搭接宽度应符合表 82-1 的规定。

防水卷材最小搭接宽度　　表 82-1

防水卷材类型	搭接方式	搭接宽度（mm）
聚合物改性沥青类防水卷材	热熔法、热沥青	≥100
	自粘搭接（含湿铺）	≥80
合成高分子类防水卷材	胶粘剂、粘结料	≥100
	胶粘带、自粘胶	≥80
合成高分子类防水卷材	单缝焊	≥60，有效焊接宽度不应小于 25
	双缝焊	≥80，有效焊接宽度 10×2+空腔宽
	塑料防水板双缝焊	≥100，有效焊接宽度 10×2+空腔宽

83. 建筑防水涂料的涂布方法有哪几种?

防水涂料的涂布方法可分为刷涂法、喷涂法、抹涂法和刮涂法等四种，在具体施工过程中，应根据涂料的品种、性能、稠度以及不同的施工部位分别选用不同的施工方法。

84. 卷材防水层的施工工艺有哪几类?

卷材防水层施工工艺应符合表 84-1 的要求。

卷材防水层施工工艺　　表 84-1

工艺类别	名称		做法
热施工工艺	热玛琋脂粘贴法		传统施工方法，边浇热玛琋脂边浇滚铺油毡，逐层铺贴
	热熔法		采用火焰加热器熔化热熔型防水卷材底部的热熔胶进行粘结
	热风焊接		采用热空气焊枪加热防水卷材搭接缝进行粘结
冷施工工艺	冷玛琋脂粘贴法		采用工厂配制好的冷用沥青胶结材料，施工时不需加热，直接涂刮后粘贴油毡
	冷粘法		采用胶粘剂进行卷材与基层、卷材与卷材的粘结，不需要加热
	自粘法		采用带有自粘胶的防水卷材，不用热施工，也不需涂刷胶结材料，直接进行粘结
	机械固定工艺	机械钉压法	采用镀锌钢钉或铜钉等固定卷材防水层
		压埋法	卷材与基层大部分不粘结，上面采用卵石等压埋，但搭接缝及周边要全粘
	湿铺法		湿铺法工艺可分为普通湿铺法和预铺反粘法两大类工艺。采用湿铺法工艺，可将单面涂覆有自粘胶膜层的防水卷材直接铺贴在潮湿但无积水的基面上

85. 热熔法防水卷材施工工艺是什么？

热熔法是指采用火焰加热融化热熔型防水卷材底层的热熔胶进行粘结的施工方法。

（1）基层处理：先将表面清洁，基层应坚实、平整、干净；应均匀涂刷基层处理剂，要求不露底和漏涂；表面干燥后方可铺贴卷材。

（2）附加层施工：阴阳角、管根、檐沟、变形缝等部位应做附加层处理，将预先裁剪好尺寸、形状的卷材铺贴于基层。

（3）大面施工：将卷材打开释放应力，根据平面弹线位置先将卷材进行平铺；采用热熔工具烘烤卷材的下表面及基层表面，使卷材表面的沥青发亮至熔融状态时，边烘烤边滚铺卷材，然后用压辊滚压，使其与基层粘接牢固。

（4）搭接处理：卷材的搭接宽度应为 100mm，卷材搭接区应单独封边，同样采用热熔的方法进行施工，上下卷材搭接处以溢出热熔的改性沥青为度，宽度为3～5mm

且均匀顺直。

（5）闭水试验：按施工方案要求进行闭水试验。

（6）保护隔离层施工：防水层外表面均应按相关规范或设计要求设置保护层。

86. 热粘法防水卷材施工工艺是什么？

热粘法是指采用非固化涂料进行热粘防水卷材的复合施工方法。

（1）基层处理：先将表面清洁，基层应坚实、平整、干净。

（2）附加层施工：阴阳角、管根、檐沟、变形缝等部位应做附加层处理，将卷材预先裁剪成合适的尺寸、形状。

（3）大面施工：采用非固化涂料进行热粘防水卷材复合施工，非固化涂层厚度应符合相关规范要求；非固化涂料涂刷的同时滚铺防水卷材。

（4）搭接处理：卷材搭接区应单独封边，采用热熔法进行施工，上下卷材搭接处以溢出沥青条为度。

（5）闭水试验：按施工方案要求进行闭水试验。

（6）保护隔离层施工：防水层外表面均应按相关规范或设计要求设置保护层。

87. 自粘法防水卷材施工工艺是什么?

自粘法是指采用带有自粘胶的防水卷材，不用热施工，也不需要涂胶结材料，而进行粘结的施工方法。

（1）基层处理：基层应坚实、平整、干燥、干净，无起砂、灰尘和油污，凹凸不平和裂缝处应用砂浆补平，施工前应对基层检查、验收。符合要求后进行清理和清扫，必要时用吸尘器或高压吹尘机吹净。

（2）涂刷基层处理剂：在铺贴卷材前，应涂刷基层处理剂。涂刷应均匀并完全覆盖所有待粘贴卷材部位，不得漏涂和堆积。

（3）细部节点处理：基层处理剂干燥后及时按照相关规范或设计要求对需做附加防水层的部位进行处理。对卷材不易粘贴的细部宜用喷灯辅助或者借助其他加热设备进行辅助加热施工。一般部位附加层卷材应满粘于基层，应力集中部位应根据规范空铺。

（4）大面施工：水平面：基层处理剂干燥后，应及时弹线并先开卷预铺、充分释

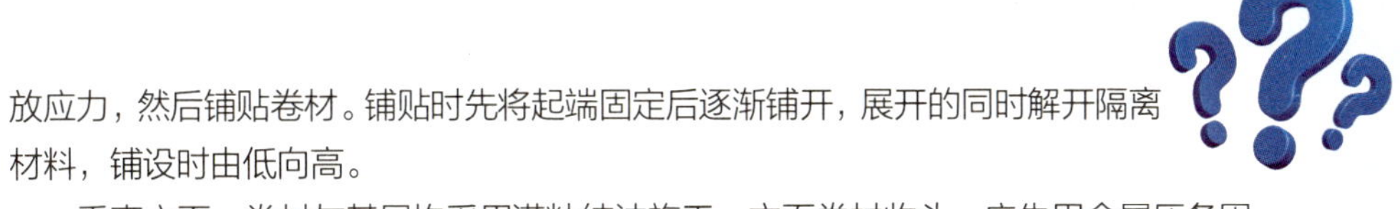

放应力，然后铺贴卷材。铺贴时先将起端固定后逐渐铺开，展开的同时解开隔离材料，铺设时由低向高。

垂直立面：卷材与基层均采用满粘结法施工。立面卷材收头，应先用金属压条固定，然后用卷材密封膏进行封闭处理。

（5）保护隔离层施工：卷材铺贴完成并经检查合格后，应将防水层表面清扫干净，对防水层采取保护措施并根据设计要求进行防水保护层施工。卷材防水层与刚性保护层之间设隔离层，隔离层材料可为低质沥青卷材、塑料膜、纸筋灰等。

88. 湿铺法防水卷材施工工艺是什么？

湿铺法是指将用于非外露防水工程的湿铺防水卷材，用素水泥浆或水泥砂浆与基层粘结的施工方法。

（1）基层处理：基层应坚实、平整、干净，无起砂、灰尘和油污。

（2）卷材采用水泥砂浆与基层粘结：当采用水泥胶浆时，胶粉掺加量为水泥重量的3%～5%；当采用水泥砂浆时，配比为水泥：中砂＝1：2，实际加水量需要结合基层潮湿程度现场调整，水泥建议使用强度等级为42.5级的普通硅酸盐水泥。水泥砂浆搅拌均匀后，刮涂于基层。

（3）大面施工：把卷材抬至待铺的预定部位，将卷材先预铺开，充分释放应力后，对好基准线，掀起卷材底面隔离膜，把卷材一端固定，然后一边推铺卷材一边用压辊向两边及前方滚压排气粘牢。

（4）接缝粘贴：卷材接缝采用冷自粘方式。相邻短边接缝应错开1m以上；长边接缝施工时，撕去接缝自粘边的预留隔离带，对准粘贴标志线直接粘贴；然后用专用密封膏将加强密封收头处理。

89. 预铺法防水卷材施工工艺是什么？

预铺法，也称预铺反粘法，是指将覆有高分子自粘胶膜层的防水卷材空铺在基面上，然后浇筑结构混凝土，使混凝土浆料与卷材胶膜层紧密结合的施工方法。

（1）卷材预铺：将产品量好裁切，将卷材的自粘层隔离纸面朝向结构层，另一面朝向基层，预先铺设在垫层、保护墙、地下连接墙或排桩上（暗挖隧道采用带土工布表面材料的高分子卷材直接挂在预先固定的挂钩上）。

（2）卷材接缝：卷材接缝采用冷自粘方式，撕去接缝自粘边的预留隔离带直接粘贴即可，形成完整密封的防水系统。

（3）卷材反粘：撕去隔离纸，浇筑结构混凝土，卷材能与流动的混凝土相互交联啮合，形成强大的粘接力。这样卷材就粘结到混凝土建筑结构上，从而形成防水卷材与建筑结构刚柔无间隙结合。

（4）如需绑扎钢筋，揭去隔离纸直接绑扎即可，无须再为防水卷材浇筑砂浆细石混凝土做保护层。

90. 外防水是什么？有什么优点？

地下防水工程一般把卷材防水层设置在建筑结构的外侧，称其为外防水。它与卷材防水层设在结构内侧相比较具有以下优点：外防水的防水层在迎水面，受压力水的作用而紧压在混凝土结构上，防水的效果良好，而内防水的卷材防水层则在背水面，受压力水的作用而易局部脱开，外防水造成渗漏的机会要比内防水少，故一般卷材防水层多采用外防水。

地下工程卷材外防水的铺贴按其保护墙施工先后顺序及卷材设置方法可分为“外防外贴法”和“外防内贴法”。外防外贴法是待结构边墙施工完成后，直接把防水层贴在防水结构的外墙外表面，最后砌保护墙的一种卷材防水层的设置方法。外防内贴法是在结构边墙施工前，先砌保护墙，然后将卷材防水层贴在保护墙上，最后浇筑边墙混凝土的一种卷材防水层的设置方法。这两种设置方法见图 90-1、图 90-2。

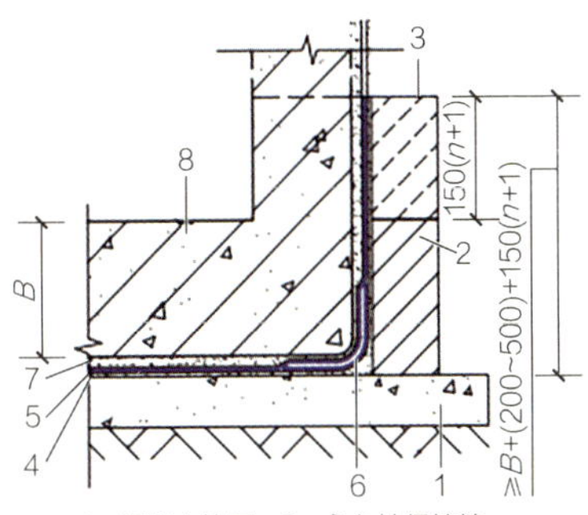

1—混凝土垫层；2—永久性保护墙；
3—临时性保护墙；4—找平层；
5—卷材防水层；6—卷材附加层；
7—保护层；8—防水结构

图 90-1　外防外贴法防水层做法

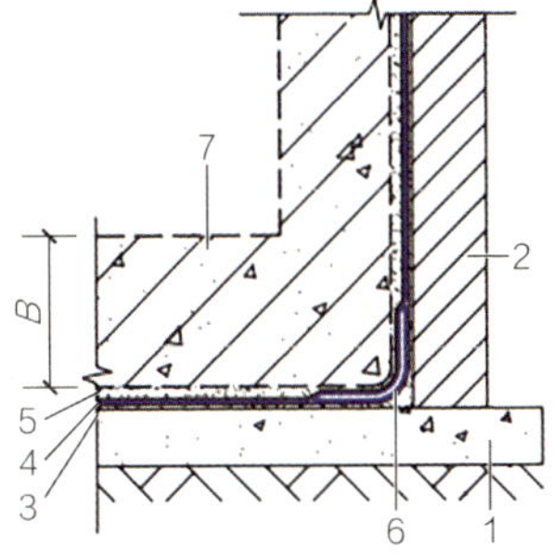

1—混凝土垫层；2—永久性保护墙；
3—找平层；4—卷材防水层；5—保护层；
6—卷材附加层；7—防水结构

图 90-2　外防内贴法防水层做法

91. 外防外贴法的施工工艺是什么？

先在垫层上铺贴底层卷材，四周留出接头，待底板混凝土和立面混凝土浇筑完毕，将立面卷材防水层直接铺设在防水结构的外墙表面。具体施工顺序如下：

（1）浇筑防水结构底板混凝土垫层，在垫层上抹1∶3水泥砂浆找平层，抹平压光。

（2）然后在底板垫层上砌永久性保护墙，保护墙的高度为 B+(200～500)mm（B为底板厚度），墙下平铺一层油条。

（3）在永久性保护墙上砌临时性保护墙，保护墙的高度为 150mm ×(油层数 n+1)，临时性保护墙应用石灰砂浆砌筑。

（4）在永久性保护墙和垫层上抹 1∶3 水泥砂浆找平层，转角要抹成圆弧形；在临时性保护墙上抹石灰砂浆找平层，并刷石灰浆；若用模板代替临时性保护墙，应在其上涂刷隔离剂。保护墙找平层基本干燥后，满涂冷底子油一道，但临时性保护墙不涂冷底子油。

（5）在垫层及永久性保护墙上铺贴卷材防水层，转角处加贴卷材附加层；铺贴时应先底面、后立面，四周接头甩槎部位应交叉搭接，并贴于保护墙上；从垫层铺向立面的卷材永久性保护墙的接触部位，应用胶结材料紧密贴严，而临时性保护墙（或围护结构模板接触部位）应分层临时固定在该墙（或模板）上。

（6）油铺贴完毕，在底板垫层和永久性保护墙上抹热沥青或玛琋脂，并趁热撒上干净的热砂，冷却后在垫层、永久性保护墙和临时性保护墙上抹 1∶3 水泥砂浆，作为卷材防水层的保护层。浇筑防水结构的混凝土底板和墙身混凝土时，保护墙作为墙体外侧的模板。

（7）防水结构混凝土浇筑完工并检查验收后，拆除临时性保护墙，清理出甩槎接头的卷材，如有破损处，应进行修补，再依次分层铺贴防水结构外表面的防水卷材。此处卷材可错槎接缝，上层卷材盖过下层卷材不应小于 150mm，接缝处加盖条，如图 91-1 所示。

（8）卷材防水层铺贴完毕，立即进行渗漏检验。有渗漏立即修补，无渗漏时砌永久性保护墙；永久性保护墙每隔 5~6m 及转角处应留缝，缝宽不小于 20mm，缝内用油毡条或沥青麻丝填塞；保护墙与卷材防水层之间缝隙，边砌边用 1：3 水泥砂浆填满，保护墙做法见图 91-2。保护墙施工完毕，随即回填土。

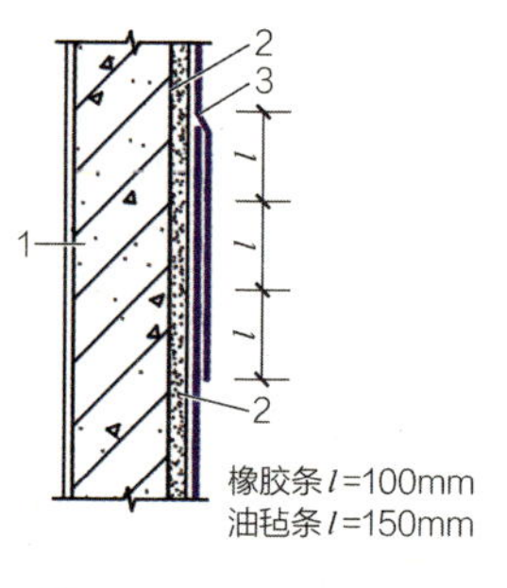

1—围护结构；2—找平层；
3—卷材防水层

图 91-1　卷材防水层错槎接缝示意图

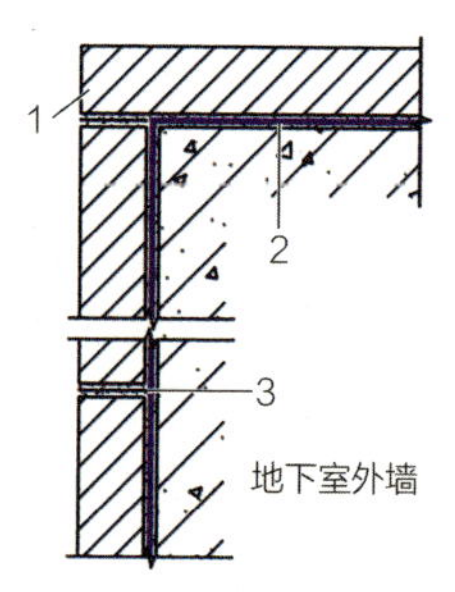

1—保护墙；2—卷材防水层；
3—油毡或沥青麻丝

图 91-2　保护墙留缝做法

（9）采用外防外贴法铺贴卷材防水层时，应符合下列规定：

①铺贴卷材应先铺平面，后铺立面，交接处应交叉搭接。

②临时性保护墙应用石灰砂浆砌筑，内表面应用石灰砂浆做找平层，并刷石灰浆。用模板代替临时性保护墙时，应在其上涂刷隔离剂。

③从底面铺向立面的卷材与永久性保护墙的接触部位，应采用空铺法施工。卷材与临时性保护墙或围护结构模板的接触部位，应临时贴附在该墙上或模板上，卷材铺好后，顶端应临时固定。

④当不设保护墙时，从底面折向立面的卷材的接槎部位应采取可靠的保护措施。

⑤主体结构完成后，铺贴立面卷材时，应先将接槎部位的各层卷材揭开，并将其表面清理干净，如卷材有局部损伤，应及时进行修补。卷材接槎的搭接长度，高聚物改性沥青卷材为150mm，合成高分子卷材为100mm。当使用两层卷材时，卷材应错槎接缝，上层卷材应盖过下层卷材。

卷材防水层甩槎、接槎做法参见图91-3。

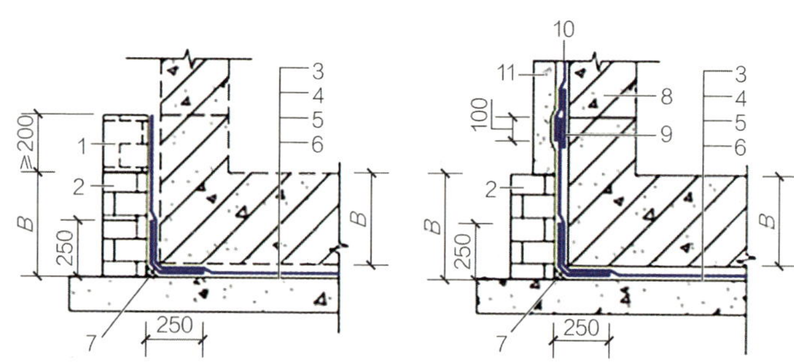

1—临时性保护墙；2—永久性保护墙；3—细石混凝土保护层；4—卷材防水层；
5—水泥砂浆找平层；6—混凝土垫层；7—卷材加强层；8—结构墙体；
9—卷材加强层；10—卷材防水层；11—卷材保护层

a) 甩槎　　　　b) 接槎

图 91-3　卷材防水层甩槎、接槎做法

92. 外防内贴法的施工工艺是什么?

外防内贴法是指先浇筑混凝土垫层，在垫层上将永久性保护墙全部砌好，抹水泥砂浆找平层，将卷材防水层直接铺贴在垫层和永久性保护墙上。其施工顺序如下：

（1）做混凝土垫层，如保护墙较高，可采取加大永久性保护墙下垫层厚度的做法，必要时可配置加强钢筋。

（2）在混凝土垫层上砌永久性保护墙，保护墙厚度可采用一砖厚，其下干铺油毡一层。

（3）保护墙砌好后，在垫层和保护墙表面抹 1：3 水泥砂浆找平层，阴阳角处应抹成钝角或圆角。

（4）找平层干燥后，刷冷底子 1～2 遍，冷底子油干燥后，将卷材防水层直接铺贴在保护墙和垫层上；铺贴卷材防水层时应先铺立面，后铺平面，铺贴立面时，应先转角，后大面。

（5）卷材防水层铺贴完毕后，及时做好保护层，平面上可浇一层 30～50mm 的细石混凝土或抹一层 1∶3 水泥砂浆，立面保护层可在卷材表面刷一道沥青胶结料，趁热撒一层热砂，冷却后再在其表面抹一层 1∶3 水泥砂浆找平层，并搓成麻面，以利于与混凝土墙体的粘结。

（6）浇筑防水结构的底板和墙体混凝土。

（7）回填土。

（8）当施工条件受到限制时，可采用外防内贴法铺贴卷材防水层并应符合下列规定：

①主体结构的保护墙内表面应抹厚度为 20mm 的 1∶3 水泥砂浆找平层，然后铺贴卷材，并根据卷材特性选用保护层。

②卷材宜采用预铺反粘法施工，铺贴在保护墙上的卷材可空铺或点粘，卷材防水层应与后续浇筑的混凝土紧密粘结。

93. 湿铺防水卷材的施工工艺和技术要点是什么？

（1）施工工艺

基层清理→铺设卷材→卷材局部固定→卷材搭接→节点密封处理→组织验收→绑扎钢筋→浇筑混凝土。

（2）技术要点

1）基层清理

将杂物清理干净，基层若有尖锐凸起物需处理平整，若有明水扫除即可施工，基层允许潮湿。

2）铺设卷材

根据《地下工程防水技术规范》GB 50108—2008 第 4.3.6 条及第 4.3.22 条规定，高分子自粘胶膜防水卷材一般采用单层铺设。在潮湿基面铺设时，基面应平整、坚固，无明显积水。

3）平面施工

将卷材颗粒面朝上空铺于基层上，铺设相邻卷材时，应注意与搭接边对齐，以免出现偏差影响搭接。

4）立面施工

在自粘边位置距离卷材边缘 10～20mm，射钉间距 400～600mm 进行机械固定。施工相邻卷材时，下幅卷材可将钉眼部位完全覆盖。

5）卷材搭接

长边搭接：揭除卷材搭接边的隔离膜后直接搭接碾压即可。

短边搭接：将高分子双面自粘胶带（以下简称“胶带”）下表面隔离膜揭除后粘贴于搭接下部卷材上，碾压后再揭除胶带上表面隔离膜，并将搭接上部卷材粘贴在胶带上，碾压使其粘结牢固，必要时可对胶带适当加热，粘贴效果更为理想。

卷材对接：对接卷材粘结材料采用卷材（无颗粒防粘层），将卷材裁剪成带状并将胶面朝上放置，揭除表面隔离膜后，粘贴上部对接的卷材，并碾压使之粘结牢固。

四、建筑渗漏与维修

94. 防水工程质量检验合格判定标准是什么？

防水工程质量检验合格判定标准见表 94-1。

防水工程质量检验合格判定标准 表 94-1

工程类型		工程防水类别		
		甲类	乙类	丙类
建筑工程	地下工程	不应有渗水，结构背水面无湿渍	不应有滴漏、线漏，结构背水面可有零星分布的湿渍	不应有线流、漏泥砂，结构背水面可有少量湿渍、流挂或滴漏
	屋面工程	不应有渗水，结构背水面无湿渍	不应有渗水，结构背水面无湿渍	不应有渗水，结构背水面无湿渍
	外墙工程	不应有渗水，结构背水面无湿渍	不应有渗水，结构背水面无湿渍	—
	室内工程	不应有渗水，结构背水面无湿渍	—	—
市政工程	地下工程	不应有渗水，结构背水面无湿渍	不应有线漏，结构背水面可有零星分布的湿渍和流挂	不应有线流、漏泥砂，结构背水面可有少量湿渍、流挂或滴漏

续表

工程类型		工程防水类别		
		甲类	乙类	丙类
市政工程	道桥工程	不应有渗水	不应有滴漏、线漏	—
	蓄水类工程	不应有渗水，结构背水面无湿渍	不应有滴漏、线漏，结构背水面可有零星分布的湿渍	不应有线流、漏泥砂，结构背水面可有少量的湿渍、流挂或滴漏

95. 如何判断防水卷材品质？

（1）热老化。热老化是反映产品使用寿命的指标。该项目不合格，说明在经受热环境后或经过夏季与冬季的自然老化后，产品容易变形、收缩或隆起，产品失粘，在基层变形下容易拉裂或拉断，造成建筑物漏水。

（2）低温柔性。低温柔性是表征防水卷材在指定低温条件下经受弯曲后的柔韧性能，也是体现材料在低温条件下抵抗基层开裂的能力或保持伸长的能力。低温柔性不合格的产品在冬季使用过程中承受基层变形的能力差，材料发硬，容易开裂，从而失去防水效果，降低使用寿命。

（3）接缝剥离强度。接缝剥离强度是体现材料应用性能的一个指标。该项目不合格，说明材料使用过程中与基层粘结力不够，或卷材自身搭接不牢，一旦基层膨胀或者水压较大时，会在搭接处拉开，造成搭接失效，从而使接缝处出现渗水。这样的产品在使用过程中极易在外力作用下被拉开，而产生渗水或者窜水，造成防水失效。

（4）剥离强度。剥离强度是衡量带有自粘性的卷材粘结（自粘卷材和基面或卷材搭接时）持久粘结力的重要指标。强度越高，粘结力和分子间内聚力也越大，粘结越牢固，不容易产生漏水、窜水等现象。该项目达不到标准要求，使用过程中当基层膨胀或者水压较大时，会在卷材搭接处拉开，造成搭接失效，从而接缝处出现渗水。

（5）拉力、延伸率。拉力、延伸率是拉伸性能中的重要项目，是体现材料抗变形能力的指标。卷材的拉力大、强度高、延伸好，抗基层变形的能力也越好，但成本也越高。该类项目不合格，一旦基层发生变化，材料就会被扯断或裂开，出现渗漏，失去防水作用。

96. 地下工程的哪些部位应进行隐蔽工程验收?

（1）防水层基面;（2）细部构造防水;（3）隐蔽前的防水层;（4）隧道工程二次衬砌浇筑完成前。

97. 地下建筑物的渗漏治理应符合什么要求?

（1）渗漏治理方案应长期有效。

（2）不得造成原结构混凝土出现酥松掉块或新裂缝等破损。

（3）注浆工艺在满足渗漏治理的同时应减少对原防水系统的破坏。

（4）引排措施应符合地质条件的要求，且应有序地引入排水沟或废水泵房。

98. 室内防水层完成后的蓄水试验，应符合什么规定？

（1）楼面、地面蓄水高度不应小于20mm，且蓄水时间不应小于24h。

（2）独立水容器应满池蓄水，蓄水时间不应小于24h。

（3）浴室等有淋水或有大量蒸汽冷凝的墙面，应进行淋水试验，淋水时间不应小于30min。

99. 地下工程施工完毕后的检验应遵循什么条件？

（1）底板应在基坑降水撤除之后进行检查，如有渗漏，应在结构底板背水面进行修复，直至无渗漏为止。

（2）侧墙检验应雨后或淋水观察，如有渗漏，应在结构侧墙背水面进行修复，直至无渗漏为止。

（3）顶板蓄水检验应符合下列规定：

①结构顶板应在施工防水层之前进行蓄水检验，如有渗漏，应在顶板迎水面根据渗漏原因采取相应修复措施；修复部位应重新进行蓄水检验直至无渗漏为止。

②顶板防水层施工完毕后，宜雨后观察或做淋水检验，必要时进行蓄水检验，如有渗漏，应在顶板迎水面进行修复，修复部位应重新进行蓄水检验直至无渗漏为止。

③当顶板进行蓄水检验时，可分区逐坝进行检验，蓄水检验持续时间不应少于48h，蓄水深度应高于顶板面最高处不小于30mm。

100. 砂浆防水层缺陷修补应符合什么规定?

（1）砂浆防水层龟裂、空鼓、裂缝或局部损坏时，应凿除破损缺陷部分，重新采用防水砂浆修补平整。

（2）需要凿除的修补区域应先用切割机切出边界后再凿除破损部位的砂浆层。

（3）采用防水砂浆修补前，基层应清理干净、湿润，并应采用界面剂增强处理。

（4）防水砂浆层宜增铺耐碱玻璃纤维网格布。